简约风格
Simple Style

2015 客厅
LIVING ROOM

华浔品味装饰　编著

华浔品味装饰
HUAXUN TASTE DECORATION

U0227198

海峡出版发行集团
THE STRAITS PUBLISHING & DISTRIBUTING GROUP

福建科学技术出版社
FUJIAN SCIENCE & TECHNOLOGY PUBLISHING HOUSE

图书在版编目（CIP）数据

简约风格 / 华浔品味装饰编著 . —福州：福建科学
技术出版社，2015.1
（2015 客厅）
ISBN 978-7-5335-4684-7

Ⅰ.①简… Ⅱ.①华… Ⅲ.①客厅 – 室内装饰设计 –
图集 Ⅳ.① TU241-64

中国版本图书馆 CIP 数据核字（2014）第 272205 号

书　　名　2015 客厅　简约风格
编　　著　华浔品味装饰
出版发行　海峡出版发行集团
　　　　　福建科学技术出版社
社　　址　福州市东水路 76 号（邮编 350001）
网　　址　www.fjstp.com
经　　销　福建新华发行（集团）有限责任公司
印　　刷　福州德安彩色印刷有限公司
开　　本　889 毫米 ×1194 毫米　1/16
印　　张　5.5
图　　文　88 码
版　　次　2015 年 1 月第 1 版
印　　次　2015 年 1 月第 1 次印刷
书　　号　ISBN 978-7-5335-4684-7
定　　价　29.80 元
　　　　　书中如有印装质量问题，可直接向本社调换

设计·爱

　　客厅是接待客人的社交场所，是一个家庭的"脸面"。客厅也是装修中的"面子"工程，相对其他功能区域，客厅是装修风格的集中体现处，它的设计应起到体现主人的格调与品位的作用。因此，作为家装设计的领航者，华浔品味装饰集团"客厅"系列丛书应运而生。它是华浔集团从全国200多个分公司最新设计的上万个家居设计方案中，精选出一批优秀客厅设计作品编制而成的设计年鉴。它集结了华浔集团上万名设计师的智慧与正能量，并展现了他们的实力与成果，更体现了他们以设计品味空间为己任的宗旨和华浔设计引领业界的领导地位。

　　华浔"2015客厅"系列丛书紧跟时代流行趋势，注重家居的个性化与人性化，并突出以"设计·爱"为主旋律。什么是"爱"？每个人心中自有自己的诠释。有位哲学家曾做出了最佳定义："爱，是无私地推动他人成长。"当你放下私欲去帮助他人成长为最出色的人的时候，你自己也会感受到爱，最终你也会得到成长。由此延伸到家装行业，也是同样的道理。

　　当然，对于已经成立17年的华浔集团来说，爱的表现形式有很多种。爱是"达则兼济天下"的胸怀，从为震区设计震不倒的房子到赞助全国城乡厨卫改造，再到援建汶川布瓦寨希望学校，华浔用行动塑造着一个有爱心的企业形象；爱是勇于承担的责任，17年来，华浔集团始终以设计品味空间为己任，筑造舒适、健康、幸福、和谐的品味生活为使命，为无数客户实现了理想中的家居梦想；爱是呵护健康的使者，华浔集团使用的安全可靠无毒害的环保材料，让客户居家身心更放松；爱是充满人情味的关怀，华浔集团在设计和施工上一直坚持和推崇"以人为本"的理念，不论老人、小孩、夫妻都能在同一屋檐下寻找到最惬意的居住感觉，营造真正的天伦之乐。

　　爱，还是设计者对职业的挚爱，对作品的喜爱，对生活的热爱……

　　爱，华浔文化永恒的主旋律；爱，华浔设计的主旋律；爱，华浔"2015客厅"系列丛书的主旋律……

　　本丛书根据当前流行的装修风格分成简约风格、现代风格、中式风格和欧式风格四册，以满足广大业主不同的需求，选择适合自己风格的设计方案，打造理想的家居环境。除了提供读者相关的客厅设计方案外，本丛书还详细介绍了这些方案的材料说明和施工要点，以便于广大业主在选择适合自己的家装方案的同时，能了解方案中所运用的材料及其工艺等。我们希望本丛书能成为广大追求理想家居的人们，特别是准备购买和装修家居的业主们提供有益的借鉴，同时也为广大室内设计师们提供参考。

作者

2014年11月

黑白灰的搭配营造出简约又时尚的空间；餐厅与客厅之间的密度板通花更是独具匠心，区隔空间的同时令视野得以延伸。

主要材料：①黑白根大理石
②密度板通花　③玻化砖

用湿贴的方式将仿木纹砖固定在墙面上，完工后用勾缝剂填缝；用木工板做出设计图中造型，贴水曲柳饰面板后刷油漆；用粘贴固定的方式将黑镜固定在底板上。

主要材料：①仿木纹砖　②壁纸　③黑镜

用木工板做出设计图中造型，镜子基层用木工板打底；剩余墙面满刮三遍腻子，用砂纸打磨光滑，刷底漆、面漆；用粘贴固定的方式将黑镜固定在底板上，完工后用硅酮密封胶密封。

主要材料：①壁纸　②黑镜　③复合实木地板

施工要点

电视背景墙面用水泥砂浆找平，用湿贴或干挂的方式将安曼米黄大理石固定在墙上，完工后对石材进行抛光、打蜡处理。

主要材料：①安曼米黄大理石
②银箔壁纸
③浅咖网纹大理石

施工要点

用木工板做出设计图中的凹凸造型，用湿贴的方式固定踢脚线。剩余墙面满刮三遍腻子，用砂纸打磨光滑，刷底漆、有色面漆；最后固定不锈钢收边线条。

主要材料：①仿木纹砖
　　　　　②有色乳胶漆
　　　　　③不锈钢收边线条

电视背景墙呈现出的淡淡肌理，使素色的界面也有了丰富的表情。布艺沙发淡雅的色调给客厅增添柔和与温暖感。

主要材料：①无纺布壁纸
　　　　　②复合实木地板
　　　　　③实木踢脚线

施工要点
用湿贴的方式将仿古砖固定在墙上，用干挂的方式固定浅啡网纹大理石；剩余墙面满刮三遍腻子，用砂纸打磨光滑，刷底漆、面漆。

主要材料：①浅啡网纹大理石　②密度板雕花
　　　　　③玻化砖

施工要点
电视背景墙面用水泥砂浆找平，满刮三遍腻子，用砂纸打磨光滑，刷底漆、有色面漆。有色乳胶漆需要色卡选样，电脑调色。最后安装实木踢脚线。

主要材料：①有色乳胶漆　②复合实木地板
　　　　　③实木踢脚线

 施工要点

电视背景墙面用水泥砂浆找平,满刮三遍腻子,用砂纸打磨光滑,刷一层基膜,用环保白乳胶配合专业壁纸粉将壁纸固定在墙面上,完工后安装实木踢脚线。

主要材料:①壁纸 ②玻化砖 ③实木踢脚线

 施工要点

用湿贴的方式将白色大理石固定在墙上,用点挂的方式固定米黄大理石收边线条。剩余墙面用木工板打底,用粘贴固定的方式将银镜固定在底板上,完工后用硅酮密封胶密封。

主要材料:①白色大理石 ②安曼米黄大理石 ③银镜

电视背景墙上素色的印花壁纸弥漫着静谧的气息;三幅黑白装饰画通过木质边框凸显出来,增添了时尚气息。

主要材料:①壁纸 ②米黄大理石 ③玻化砖

 施工要点

用木工板及硅酸钙板做出电视背景墙上的造型,层板及收边线条贴水曲柳饰面板后刷油漆;墙面满刮三遍腻子,用砂纸打磨光滑,刷底漆、面漆;部分墙面刷一层基膜后贴壁纸。

主要材料:①壁纸 ②水曲柳饰面板 ③仿古砖

铁艺屏风作为沙发背景，极具装饰性。鲜艳的红色座椅打破空间的沉闷感，令客厅倍显温馨；墨绿色的个性地毯像一幅画，装点了整个空间。

主要材料：①实木地板　②铁艺屏风　③地毯

 施工要点
电视背景墙面用水泥砂浆找平，按照设计图纸在墙面上弹线放样，用点挂的方式将爵士白大理石固定在墙上，完工后对石材进行抛光、打蜡处理。

主要材料：①爵士白大理石　②玻化砖

 施工要点
用湿贴的方式将米黄大理石固定在电视背景墙上；剩余墙面防潮处理后用木工板打底，用粘贴固定的方式将银镜固定在底板上，完工后用硅酮密封胶密封。

主要材料：①壁纸　②银镜　③米黄大理石

 施工要点
用点挂的方式将爵士白大理石固定在墙上，完工后进行石材养护；剩余墙面满刮三遍腻子，用砂纸打磨光滑，刷一层基膜，用环保白乳胶配合专业壁纸粉将壁纸固定在墙面上。

主要材料：①壁纸　②有色乳胶漆　③玻化砖

素色空间中色彩艳丽的装饰画成为最醒目的装饰，给客厅空间带来了更多活跃气息；精美的花瓣吊灯给空间添彩。

主要材料：①壁纸 ②复合实木地板

施工要点 用点挂的方式将爵士白大理石固定在墙上，完工后进行抛光、打蜡处理；剩余墙面防潮处理后用木工板打底，用粘贴固定的方式将灰镜固定在底板上。

主要材料：①爵士白大理石 ②壁纸 ③灰镜

施工要点 软包基层防潮处理后用木工板打底，固定收边线条；剩余墙面满刮三遍腻子，用砂纸打磨光滑，刷一层基膜，贴壁纸；用气钉及胶水将订购的软包固定在底板上。

主要材料：①壁纸 ②软包 ③玻化砖

施工要点 用木工板做出电视背景墙上的凹凸造型，中间墙面满刮三遍腻子，用砂纸打磨光滑，刷一层基膜，贴壁纸；用托压固定的方式将印花银镜固定在底板上。

主要材料：①实木地板 ②壁纸 ③印花银镜

施工要点

用木工板做出电视柜矮台，贴水曲柳饰面板后刷油漆；墙面满刮三遍腻子，用砂纸打磨光滑，刷底漆、面漆；部分墙面刷一层基膜后贴壁纸。

主要材料：①玻化砖 ②壁纸
③水曲柳饰面板

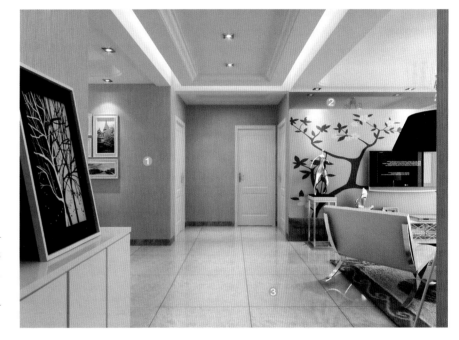

简洁的电视背景墙中树的图案瞬间吸引了眼球，配以淡蓝的底色及灰镜，空间层次丰富、生动有趣。

主要材料：①壁纸 ②灰镜 ③玻化砖

施工要点

按照设计图纸在墙面上弹线放样，用木工板及硅酸钙板做出造型；部分墙面满刮三遍腻子，用砂纸打磨光滑，刷底漆、面漆；用粘贴固定的方式固定银镜及黑色烤漆玻璃。

主要材料：①实木地板
②黑色烤漆玻璃
③壁纸

施工要点

用点挂的方式将爵士白大理石固定在墙上，完工后进行抛光、打蜡处理；剩余墙面防潮处理后用木工板打底，用粘贴固定的方式固定茶镜，最后用硅酮密封胶密封。

主要材料：①爵士白大理石 ②壁纸 ③茶镜

施工要点

用湿贴的方式将文化石固定在墙上；剩余墙面满刮三遍腻子，用砂纸打磨光滑，刷底漆、有色面漆，最后安装实木踢脚线。

主要材料：①文化石 ②有色乳胶漆

施工要点

电视背景墙面用水泥砂浆找平，用湿贴的方式将仿古砖固定在墙上，完工后用勾缝剂填缝。

主要材料：①仿古砖 ②壁纸 ③玻化砖

淡黄色的沙发背景给人温馨、舒适之感；三幅栩栩如生的蝴蝶装饰挂画，给空间带来了自然气息。

主要材料：①文化石 ②壁纸
③复合实木地板

 施工要点 用木工板及硅酸钙板做出电视背景墙上的造型，墙面满刮三遍腻子，用砂纸打磨光滑，刷底漆、面漆；部分墙面刷一层基膜，用环保白乳胶配合专业壁纸粉将壁纸固定在墙面上。

主要材料：①壁纸 ②玻化砖

 施工要点 用木工板做出电视柜造型，贴水曲柳饰面板后刷油漆；剩余墙面满刮三遍腻子，用砂纸打磨光滑，刷底漆、白色及有色面漆；固定墙贴。

主要材料：①玻化砖 ②水曲柳饰面板 ③墙贴

电视背景墙上的造型丰富了空间层次，极具创造性；暖黄色与果绿色的搭配，使空间清新自然；银镜的点缀，丰富光影效果。

主要材料：①有色乳胶漆 ②仿古砖 ③银镜

 施工要点 按照设计图纸用木工板做出凹凸造型，层板贴水曲柳饰面板后刷油漆。剩余墙面满刮三遍腻子，用砂纸打磨光滑，刷底漆、白色漆及有色面漆。

主要材料：①玻化砖 ②有色乳胶漆 ③水曲柳饰面板

弧形造型的大量运用，给空间增添柔美感；黑镜的出现带来了丰富的光影效果，同时延伸了视线。

主要材料：①浅啡网纹大理石　②黑镜
　　　　　③玻化砖

施工要点

用湿贴的方式将安曼米黄大理石固定在墙上，完工后对石材进行养护；剩余墙面用木工板打底，用粘贴固定的方式固定茶镜；最后将订购的绿可木固定在底板上。

主要材料：①安曼米黄大理石　②玻化砖　③茶镜

施工要点

电视背景墙面用水泥砂浆找平，用木工板打底；剩余墙面满刮腻子，刷底漆、面漆；将定制的印花板材固定在底板上。

主要材料：①爵士白大理石　②黑镜　③仿木纹砖

施工要点

电视背景墙面用水泥砂浆找平，镜子基层用木工板打底，剩余墙面满刮三遍腻子，用砂纸打磨光滑，刷一层基膜，贴壁纸。用粘贴固定的方式固定印花茶镜。

主要材料：①无纺布壁纸　②印花茶镜
　　　　　③玻化砖

施工要点 电视背景墙面用水泥砂浆找平，用点挂及干挂的方式将大理石固定在墙上，完工后进行抛光、打蜡处理。

主要材料：①银镜 ②马赛克 ③黑色大理石

米黄大理石在地面及墙面的大面积运用，给客厅带来温馨和时尚感；紫色系的沙发及坐垫给现代时尚的空间带来几许小资情调。

主要材料：①米黄大理石 ②枫木饰面板 ③银镜

施工要点 电视背景墙面用水泥砂浆找平，用干挂的方式将订购的安曼米黄大理石固定在墙上，完工后对石材进行抛光、打蜡处理。

主要材料：①安曼米黄大理石 ②黑镜 ③壁纸

施工要点 电视背景墙面用水泥砂浆找平，用干挂的方式将米黄大理石固定在墙上；剩余墙面用木工板及实木线条做出造型，贴水曲柳饰面板，刷油漆。

主要材料：①米黄大理石 ②玻化砖 ③水曲柳饰面板

施工要点

电视背景墙面用水泥砂浆找平，用木工板做出设计图中造型，贴水曲柳饰面板，刷油漆。最后固定钢化玻璃，完工后用硅酮密封胶密封。

主要材料：①复合实木地板
②钢化玻璃
③水曲柳饰面板

浅暖的色调营造了温馨舒适的氛围。电视背景墙选用钢化玻璃，更是增添了空间的时尚感，视野更加开阔。

主要材料：①有色乳胶漆
②复合实木地板
③钢化玻璃

施工要点

用湿贴的方式将仿古砖斜拼固定在墙上，完工后用勾缝剂填缝；用木工板做出两侧对称造型，贴水曲柳饰面板后刷油漆。

主要材料：①仿古砖　②水曲柳饰面板　③玻化砖

施工要点

电视背景墙面用水泥砂浆找平，软包基层用木工板打底。剩余墙面满刮三遍腻子，用砂纸打磨光滑，刷底漆、面漆；固定收边线条，用气钉及胶水将软包固定在底板上。

主要材料：①复合实木地板　②软包　③清玻

客厅地面大面积采用实木地板铺设，令视线得以延伸；电视背景墙上的钢化玻璃使空间更显通透，带来时尚感。

主要材料：①钢化玻璃　②实木地板　③白色乳胶漆

施工要点

电视背景墙面用水泥砂浆找平，部分墙面用木工板打底，贴装饰面板后刷油漆；剩余墙面满刮三遍腻子，用砂纸打磨光滑，刷一层基膜后贴壁纸；安装固定订购的电视柜。

主要材料：①壁纸　②斑马木饰面板　③玻化砖

施工要点

用木工板做出电视背景墙上的造型及层板结构，部分墙面贴橡木饰面板，刷油漆；用粘贴固定的方式将灰镜固定在底板上，完工后用硅酮密封胶密封。

主要材料：①橡木饰面板　②灰镜　③实木地板

施工要点

用湿贴的方式将米黄大理石固定在墙上；用木工板做出电视柜造型，贴枫木饰面板，刷油漆；剩余墙面满刮三遍腻子，用砂纸打磨光滑，刷一层基膜后贴壁纸。

主要材料：①壁纸　②米黄大理石　③枫木饰面板

施工要点

用湿贴的方式将安曼米黄大理石固定在电视背景墙上；剩余墙面防潮处理后用木工板打底，用粘贴固定的方式将灰镜固定在底板上。

主要材料：①安曼米黄大理石　②软包　③灰镜

施工要点

电视背景墙面用水泥砂浆找平，按照设计图纸在墙面上弹线放样，用点挂的方式固定米黄大理石，用湿贴的方式固定仿木纹砖。剩余墙面用木工板打底，用粘贴固定的方式将印花银镜固定在底板上。

主要材料：①米黄大理石　②仿木纹砖　　　　　③印花银镜

施工要点

用干挂的方式将爵士白大理石固定在墙上，完工后进行抛光、打蜡处理；灰镜基层用木工板打底，用粘贴固定的方式固定，完工后用硅酮密封胶密封。

主要材料：①仿木纹砖　②爵士白大理石　　　　　③灰镜

曲线造型使电视背景墙具有强烈的动感效果，稳重成熟的空间也因此多了些许灵动和时尚感。

主要材料：①黑镜　②水曲柳饰面板

施工要点 按照设计需求在墙面上弹线放样；用干挂的方式将爵士白大理石固定在墙上；剩余墙面用木工板打底并做出电视柜造型，贴水曲柳饰面板，刷油漆；用粘贴固定的方式将黑镜固定在剩余底板上。

主要材料：①爵士白大理石 ②黑镜

施工要点 电视背景墙面用水泥砂浆找平，在墙面上安装钢结构，固定爵士白大理石；用点挂的方式将西班牙米黄大理石固定在墙上；剩余墙面防潮处理后用木工板打底，用粘贴固定的方式将灰镜固定在干净的底板上。

主要材料：①西班牙米黄大理石 ②灰镜
③爵士白大理石

电视背景墙的立体造型丰富了空间的造型，暖黄色与白色的搭配营造出一个温馨、舒适的氛围；暗红色的座椅为宁静的空间带来高贵的气息。

主要材料：①白橡木饰面板
②米黄大理石
③复合实木面板

施工要点 沙发背景墙面用水泥砂浆找平，按照设计图纸在墙面上弹线放样；用点挂的方式将西班牙米黄大理石固定在墙面上，完工后对石材进行抛光、打蜡处理。

主要材料：①西班牙米黄大理石
②玻化砖
③复合实木面板

17

白色与米黄色协调搭配，营造出一个温馨、舒适的客厅环境。简约的布艺沙发令空间呈现柔软质感。

主要材料：①复合实木地板
②米黄大理石
③白色乳胶漆

施工要点

电视背景墙面用水泥砂浆找平，用木工板及硅酸钙板做出两侧对称造型；整个墙面满刮三遍腻子，用砂纸打磨光滑，刷底漆、面漆；部分墙面刷一层基膜，贴壁纸；用粘贴固定的方式将黑镜固定在底板上。

主要材料：①壁纸　②黑镜　③复合实木地板

施工要点

用干挂的方式将西班牙米黄大理石固定在墙上。剩余墙面满刮三遍腻子，用砂纸打磨光滑，刷底漆、面漆。

主要材料：①西班牙米黄大理石　②复合实木面板
③白色乳胶漆

施工要点

用湿贴的方式将仿木纹砖固定在墙上，完工后用勾缝剂填缝；用硅酸钙板做出两侧对称造型，满刮三遍腻子，用砂纸打磨光滑，刷底漆、面漆；用粘贴固定的方式将黑镜固定在底板上。

主要材料：①仿木纹砖　②黑镜　③水曲柳饰面板

白色的储物柜与黑镜搭配，给人强烈的视觉冲击力，带来时尚感。电视背景墙中仿木砖的纹理则带来自然和亲和力。

主要材料：①仿木纹砖　②黑镜
　　　　　③爵士白大理石

施工要点

用湿贴的方式将仿木纹砖固定在墙上，完工后用勾缝剂填缝；剩余墙面用木工板打底并做出电视柜造型；电视柜贴橡木饰面板后刷油漆；用粘贴固定的方式将黑镜固定在底板上。

主要材料：①仿木纹砖　②黑镜
　　　　　③橡木饰面板

施工要点

沙发背景墙面用水泥砂浆找平，用木工板及硅酸钙板做出造型；部分墙面满刮三遍腻子，用砂纸打磨光滑，刷底漆、面漆；用气钉及胶水将订购的硬包固定在底板上。

主要材料：①硬包　②黑镜
　　　　　③浅啡网纹大理石

施工要点

用点挂的方式将安曼米黄大理石固定在墙上，完工后对石材进行抛光、打蜡处理；剩余墙面用木工板打底，贴橡木饰面板，刷油漆；最后固定定制的通花板。

主要材料：①安曼米黄大理石
　　　　　②通花板
　　　　　③深啡网纹大理石

黑白灰对比的电视背景渲染出理性的空间氛围；横向纹理的仿木纹砖搭配黑镜，令空间视觉效果突出。

主要材料：①仿木纹砖　②黑镜
　　　　　③玻化砖

施工要点

用湿贴的方式将仿古砖固定在电视背景墙上，完工后用勾缝剂填缝；剩余墙面用木工板打底，贴橡木饰面板，刷油漆。

主要材料：①仿古砖
　　　　　②橡木饰面板
　　　　　③米黄大理石

施工要点

用湿贴的方式将仿木纹砖固定在墙上，完工后对石材进行养护；剩余墙面用木工板打底，用托压固定的方式将黑镜固定在底板上。

主要材料：①仿木纹砖　②印花黑镜
　　　　　③复合实木地板

施工要点

用木工板做出座椅造型，贴橡木饰面板，刷油漆，固定爵士白大理石；剩余墙面用木工板打底，用气钉及胶水将软包固定在底板上。

主要材料：①软包　②复合实木地板　③爵士白大理石

施工要点

电视背景墙面用水泥砂浆找平，用湿贴的方式将仿木纹砖踢脚线固定在墙面上；剩余墙面满刮三遍腻子，用砂纸打磨光滑，刷底漆、面漆；用丙烯颜料将图案手绘到墙面上。

主要材料：①丙烯颜料图案　②仿木纹砖

施工要点

用点挂的方式将米黄大理石固定在墙上，完工后对石材进行养护；剩余墙面用木工板打底并做出层板造型，层板贴橡木饰面板后刷油漆；用粘贴固定的方式将黑镜固定在底板上。

主要材料：①米黄大理石　②木纹玻化砖　③黑镜

施工要点

电视背景墙面用水泥砂浆找平，用木工板做出层板造型，贴橡木饰面板，刷油漆；剩余墙面满刮三遍腻子，用砂纸打磨光滑，刷底漆、面漆；最后安装实木踢脚线。

主要材料：①银镜　②橡木饰面板
　　　　　③实木地板

灰色的仿木纹砖令白色的空间多了些许沉寂与儒雅的气质；客厅背景墙上的手绘画提升了空间的精致感。

主要材料：①仿木纹砖
　　　　　②水曲柳饰面板

施工要点

用干挂的方式将大理石固定在墙上，完工后对石材进行抛光、打蜡处理；剩余墙面用木工板打底用粘贴固定的方式将灰镜固定在底板上，完工后用硅酮密封胶密封。

主要材料：①印度雨林啡大理石　②灰镜
　　　　　③柚木饰面板

施工要点

用湿贴的方式将木纹洞石固定在墙上；剩余墙面用木工板打底，用粘贴固定的方式将印花银镜固定在底板上，完工后用硅酮密封胶密封。

主要材料：①木纹洞石
　　　　　②黑金花大理石
　　　　　③印花银镜

整个空间为米色调，加以灯光的烘托，给人淡淡的温馨与舒适感。

主要材料：①莎安娜米黄大理石
　　　　　②爵士白大理石

施工要点

电视背景墙面用水泥砂浆找平，用湿贴的方式将西班牙米黄大理石固定在墙上，完工后对石材进行抛光、打蜡处理。

主要材料：①西班牙米黄大理石
　　　　　②水曲柳饰面板

施工要点 用湿贴的方式将仿木纹砖固定在墙上,完工后用勾缝剂填缝;剩余墙面用木工板打底,用粘贴固定的方式将镜面固定在底板上,完工后用硅酮密封胶密封。

主要材料:①复合实木地板 ②黑镜 ③仿木纹砖

施工要点 用湿贴的方式将米黄色墙砖固定在墙上,剩余墙面用木工板打底并做出层板及电视柜造型,贴橡木饰面板,刷油漆;用粘贴固定的方式将灰镜固定在底板上。

主要材料:①米黄色墙砖 ②灰镜 ③壁纸

电视背景墙面用通透的钢化玻璃及黑镜装饰,令视线得以延伸,使空间更显开阔;黑镜的运用给空间带来时尚感。

主要材料:①爵士白大理石 ②黑镜 ③钢化玻璃

施工要点 用湿贴的方式将黑白根大理石及爵士白大理石固定在墙面上,用木工板做出电视柜及墙面造型,电视柜贴水曲柳饰面板后刷油漆;用粘贴固定的方式固定黑镜,最后固定钢化玻璃。

主要材料:①黑白根大理石 ②爵士白大理石 ③黑镜

施工要点

电视背景墙面用水泥砂浆找平，用木工板做出层板造型，贴橡木饰面板，刷油漆；剩余墙面满刮三遍腻子，用砂纸打磨光滑，刷底漆、面漆；最后安装实木踢脚线。

主要材料：①玻化砖 ②橡木饰面板

施工要点

用硅酸钙板做出电视背景墙上的造型；整个墙面满刮三遍腻子，用砂纸打磨光滑，刷底漆、面漆；最后安装实木踢脚线。

主要材料：①玻化砖 ②白色乳胶漆 ③硅酸钙板

施工要点

按照设计图纸在墙面上弹线放样，用木工板做出造型，贴枫木饰面板，刷油漆；用气钉及胶水将软包固定在剩余的底板上。

主要材料：①软包 ②枫木饰面板 ③复合实木地板

沙发背景墙中的的花朵图案带来了自然的生机；电视背景墙的木饰面板与地板色调保持一致，体现了空间的协调统一。

主要材料：①壁纸 ②红橡木饰面板 ③复合实木地板

施工要点

餐厅背景墙面用水泥砂浆找平，用木工板做出储物柜造型，贴水曲柳饰面板，刷油漆；用粘贴固定的方式将银镜固定在剩余底板上，完工后用硅酮密封胶密封。

主要材料：①银镜　②复合实木地板
　　　　　③水曲柳饰面板

空间以纯净的美感效果为诉求，运用柔和自然的白色和暖黄色，打造出清新明亮的玲珑美家。

主要材料：①复合实木地板
　　　　　②水曲柳饰面板
　　　　　③有色乳胶漆

施工要点 用木工板做出层板及电视柜造型，贴水曲柳饰面板，刷油漆；软包基层用木工板打底，剩余墙面满刮腻子，用砂纸打磨光滑，刷一层基膜，贴壁纸；用气钉及胶水固定软包；最后安装不锈钢收边线条。

主要材料：①水曲柳饰面板　②软包　③壁纸

施工要点 电视背景墙面用水泥砂浆找平，用湿贴的方式将仿古砖固定在墙上；完工后用勾缝剂填缝，清洁干净表面，固定成品实木收边线条。

主要材料：①仿古砖　②壁纸　③密度板通花

施工要点

用湿贴的方式将米黄大理石固定在墙上，完工后对石材进行养护；用木工板做出层板造型，贴橡木饰面板，刷油漆；用粘贴固定的方式固定银镜，最后安装不锈钢收边线条。

主要材料：①壁纸　②银镜　③不锈钢

客厅空间以暖色调为主，淡雅温馨；精美的水晶吊灯成为空间的视觉焦点，增添空间的华美感。

主要材料：①壁纸　②米黄大理石　③钢化玻璃

施工要点

电视背景墙面用水泥砂浆找平，用点挂的方式将爵士白大理石固定在墙上，完工后对石材进行养护；镜子基层用木工板打底，用粘贴固定的方式将黑镜固定在底板上。

主要材料：①爵士白大理石　②黑镜
　　　　　③米黄色玻化砖

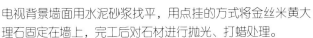

施工要点

电视背景墙面用水泥砂浆找平，用点挂的方式将金丝米黄大理石固定在墙上，完工后对石材进行抛光、打蜡处理。

主要材料：①金丝米黄大理石　②条纹壁纸　③白色乳胶漆

暖色木饰面板的装饰赋予空间家的温暖。电视背景墙上黑镜的运用，呈现了虚与实的空间变化，凸显空间的通透。

主要材料：①爵士白大理石　②黑镜　③白橡木饰面板

施工要点

用木工板做出门套线，贴水曲柳饰面板，刷油漆；剩余墙面满刮三遍腻子，用砂纸打磨光滑，刷一层基膜，用环保白乳胶配合专业壁纸粉将壁纸固定在墙面上。

主要材料：①玻化砖　②壁纸　③水曲柳饰面板

施工要点

用木工板及硅酸钙板做出电视背景墙上的造型；电视柜及电视背景凹槽贴水曲柳饰面板，刷油漆；剩余墙面满刮三遍腻子，用砂纸打磨光滑，刷底漆、有色面漆。

主要材料：①实木地板　②有色乳胶漆
　　　　　③水曲柳饰面板

深色壁纸与白色的家具形成强烈的视觉冲击力，带来时尚感觉；几幅摄影作品给现代时尚的空间带来小资情调。

主要材料：①枫木饰面板　②壁纸　③玻化砖

施工要点 电视背景墙用水泥砂浆找平，用湿贴的方式固定踢脚线，整个墙面满刮三遍腻子，用砂纸打磨光滑，刷底漆、面漆。

主要材料：①玻化砖　②白色乳胶漆　③橡木饰面板

施工要点 用木工板做出收边线条，贴枫木饰面板，刷油漆；剩余墙面满刮三遍腻子，用砂纸打磨光滑，刷一层基膜，贴壁纸；最后安装实木踢脚线。

主要材料：①枫木饰面板　②仿古砖　③壁纸

施工要点

电视背景墙面用水泥砂浆找平，整个墙面满刮三遍腻子，用砂纸打磨光滑，刷一层基膜，用环保白乳胶配合专业壁纸粉将壁纸固定在墙上，最后安装踢脚线。

主要材料：①壁纸　②实木踢脚线　③绿可板

用湿贴及点挂的方式将米黄大理石固定在墙上，完
工后对石材进行养护；剩余墙面用木工板打底，用
粘贴固定的方式将黑镜固定在底板上，完工后用硅
酮密封胶密封。

主要材料：1米黄大理石　2黑镜　3壁纸

电视背景墙上大幅水墨画营造了耐
人寻味的意境；两侧咖啡色木饰面
给空间增添了沉稳气息。

主要材料：1软包　2仿古砖
　　　　　3泰柚木饰面板

电视背景墙面用水泥砂浆找平，金镜基层用木工板打底。剩
余墙面满刮三遍腻子，用砂纸打磨光滑，刷一层基膜，贴壁纸。
用粘贴固定的方式将金镜固定在底板上，完工后用硅酮密封
胶密封。

主要材料：1壁纸　2金镜　3玻化砖

电视背景墙面用水泥砂浆找平，整个墙面用木工板
打底，收边线条贴枫木饰面板，刷油漆；用粘贴固
定的方式固定黑镜，用气钉及胶水固定软包，最后
安装实木踢脚线。

主要材料：1黑镜　2枫木饰面板　3软包

施工要点

电视背景墙用木工板打底并做出凹凸造型，部分底板贴枫木饰面板，刷油漆；用粘贴固定的方式将银镜固定在底板上，完工后用硅酮密封胶密封。

主要材料：①枫木饰面板 ②银镜 ③钢化玻璃

施工要点

用干挂的方式将安曼米黄大理石固定在墙上；用木工板做出电视柜造型，贴红橡木饰面板，刷油漆；剩余墙面满刮三遍腻子，用砂纸打磨光滑，刷一层基膜，贴壁纸。

主要材料：①壁纸 ②安曼米黄大理石 ③红橡木饰面板

施工要点

按照设计图纸在墙面上弹线放样，安装钢结构，用点挂的方式将爵士白大理石固定在墙上，完工后对石材进行养护。

主要材料：①爵士白大理石 ②仿木纹地砖 ③有色乳胶漆

偌大的落地窗令客厅空间视野更加开阔；白色的电视背景搭配银镜装饰，体现出很强的现代感，沙发背景中不规则的软包令气氛更加活跃。

主要材料：①银镜 ②软包 ③水曲柳饰面板

整体空间简洁的氛围，给人以淡淡的纯净感。电视背景墙的立体造型在灯光烘托下为空间增添了律动感。

主要材料：①白色乳胶漆 ②复合实木地板

施工要点

用干挂及湿贴的方式将爵士白大理石固定在墙上，剩余墙面用木工板打底，部分底板贴橡木饰面板，刷油漆；用粘贴固定的方式将金镜固定在底板上，完工后用硅酮密封胶密封。

主要材料：①爵士白大理石 ②橡木饰面板
③金镜

施工要点

电视背景墙面用水泥砂浆找平，固定石膏线条。剩余墙面满刮三遍腻子，用砂纸打磨光滑，刷一层基膜，用环保白乳胶配合专业壁纸粉将壁纸固定在墙面上，最后安装踢脚线。

主要材料：①玻化砖 ②壁纸 ③无纺布壁纸

施工要点

电视背景墙面用水泥砂浆找平，整个墙面满刮三遍腻子，用砂纸打磨光滑，刷底漆、有色面漆，安装实木踢脚线，用螺钉将通花板固定在地面与吊顶间。

主要材料：①复合实木地板 ②有色乳胶漆
③通花板

施工要点

电视背景墙面用水泥砂浆找平，整个墙面满刮三遍腻子，用砂纸打磨光滑，刷底漆、白色及有色面漆，最后安装实木踢脚线。

主要材料：①白色乳胶漆　②有色乳胶漆
　　　　　③复合实木地板

电视背景墙以规格不一的软包装饰，咖啡色调赋予了空间宁静感，空间因此显得沉稳而不沉闷。

主要材料：①壁纸　②软包
　　　　　③浅啡网纹大理石

施工要点

电视背景墙面用水泥砂浆找平，用白水泥将马赛克固定在墙上，用木工板做出电视背景墙中造型，贴橡木饰面板，刷油漆。

主要材料：①橡木饰面板　②马赛克　③玻化砖

施工要点

电视背景墙面用水泥砂浆找平，用点挂的方式将爵士白大理石及安曼米黄大理石固定在墙上，完工后对石材进行抛光、打蜡处理；用螺钉及胶水将通花板固定在地面与吊顶间。

主要材料：①爵士白大理石　②安曼米黄大理石
　　　　　③玻化砖

 施工要点 按照设计图纸用木工板做出电视柜造型，贴水曲柳饰面板，刷油漆。剩余墙面满刮三遍腻子，用砂纸打磨光滑，刷一层基膜，贴壁纸，最后安装实木踢脚线。

主要材料：①水曲柳饰面板 ②壁纸 ③复合实木地板

 施工要点 电视背景墙面满刮三遍腻子，用砂纸打磨光滑，刷一层基膜，贴壁纸。

主要材料：①复合实木地板 ②壁纸

 施工要点

电视背景墙面用水泥砂浆找平，两侧墙面用木工板打底，剩余墙面满刮三遍腻子，用砂纸打磨光滑，刷一层基膜，贴壁纸；用气钉及胶水固定软包。

主要材料：①壁纸 ②软包 ③玻化砖

整个空间对于米色调的把握，加以灯光的烘托，给人淡淡的温馨与舒适感，从而沉淀主人内心喧闹的心绪。

主要材料：①壁纸 ②黑镜 ③米黄大理石

造型简练的沙发凸显出背景墙的淡雅温馨，橘黄色座椅的点缀给静谧的空间增添了时尚的活力。

主要材料：①雨林啡大理石　②木纹地砖
　　　　　③银镜

施工要点 电视背景墙面用水泥砂浆找平，用点挂的方式将安曼米黄及浅啡网纹大理石固定在墙上；剩余墙面满刮三遍腻子，用砂纸打磨光滑，刷一层基膜，贴壁纸。

主要材料：①安曼米黄大理石　②壁纸
　　　　　③浅啡网纹大理石

施工要点 电视背景墙面用水泥砂浆找平，用干挂的方式将大理石固定在墙上；用木工板做出两侧对称造型，贴水曲柳饰面板后刷油漆。

主要材料：①有色乳胶漆　②黑镜　③水曲柳饰面板

施工要点 电视背景矮墙用水泥砂浆找平，用湿贴的方式将爵士白大理石固定在墙上，完工后对石材进行抛光、打蜡处理。

主要材料：①爵士白大理石　②玻化砖
　　　　　③白色乳胶漆

用干挂的方式将大理石固定在墙上，完工后对石材进行养护，用湿贴的方式固定踢脚线。剩余墙面满刮三遍腻子，用砂纸打磨光滑，刷一层基膜，贴壁纸。

主要材料：①壁纸　②浅啡网纹大理石　③银镜

电视背景墙上的水仙花图案挥洒出清新与活力，两侧黑镜的运用带来丰富的光影效果，虚实间将空间演绎得丰富多彩。

主要材料：①玻化砖　②黑镜　③米黄大理石

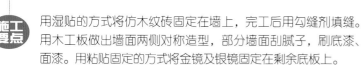

用湿贴的方式将仿木纹砖固定在墙上，完工后用勾缝剂填缝。用木工板做出墙面两侧对称造型，部分墙面刮腻子，刷底漆、面漆。用粘贴固定的方式将金镜及银镜固定在剩余底板上。

主要材料：①金镜　②壁纸　③仿木纹砖

客厅沙发背景墙面用水泥砂浆找平，用点挂的方式将人造米黄大理石固定在墙面上，完工后对石材进行抛光、打蜡处理。

主要材料：①人造米黄大理石　②爵士白大理石

施工要点 用湿贴的方式将黑金花大理石踢脚线固定在墙上。剩余墙面满刮三遍腻子，用砂纸打磨光滑，刷底漆、有色面漆。

主要材料：①黑金花大理石 ②有色乳胶漆 ③玻化砖

施工要点 用点挂的方式将爵士白大理石固定在墙上，完工后对石材进行养护；镜子基层用木工板打底，用粘贴固定的方式固定灰镜，最后安装订购的电视柜。

主要材料：①壁纸 ②爵士白大理石 ③灰镜

爵士白大理石天然的色泽与黑色的镜面玻璃形成强烈的视觉对比，带来了时尚感；沙发背景墙上不规则曲线的几何分割极具现代构成感。

主要材料：①黑镜 ②壁纸 ③爵士白大理石

施工要点 电视背景墙面用水泥砂浆找平，用湿贴的方式将文化石固定在墙上，固定不锈钢收边线条，用点挂的方式固定安曼米黄大理石及浅啡网纹大理石。

主要材料：①安曼米黄大理石 ②文化石 ③浅啡网纹大理石

绿色贯穿在客厅的整个墙面，给居室带来了大自然的气息，令纯净质朴的空间充满蓬勃的朝气。

主要材料：①肌理漆 ②有色乳胶漆

 施工要点 电视背景墙面用水泥砂浆找平，按照设计图纸在墙面上弹线放样，安装钢结构，用干挂的方式将爵士白大理石及黑白根大理石固定在墙上，完工后对石材进行养护。

主要材料：①爵士白大理石 ②黑白根大理石 ③灰镜

 施工要点 用湿贴的方式将马赛克固定在墙上，完工后安装不锈钢收边线条；用点挂的方式将米黄大理石固定在墙面上，完工后对石材进行养护。

主要材料：①不锈钢 ②米黄大理石 ③马赛克

 施工要点 用湿贴的方式将沙安娜米黄大理石及文化石固定在墙上。剩余墙面用木工板打底，用粘贴固定的方式将黑镜固定在底板上，完工后用硅酮密封胶密封，安装不锈钢收边线条。

主要材料：①软包 ②沙安娜米黄大理石 ③黑镜

暖色调的电视背景墙做块面分割，令墙面有着现代构成的美感，冷暖色调的对比也使空间充满几许冷静与时尚。

主要材料：①银镜　②壁纸

施工要点

用干挂的方式将爵士白大理石固定在墙上；用木工板及硅酸钙板做出顶部收口线条。墙面满刮三遍腻子，用砂纸打磨光滑，刷底漆、白色及有色面漆；用粘贴固定的方式将银镜固定在底板上。

主要材料：①壁纸　②爵士白大理石　③银镜

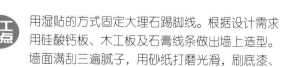

施工要点

用湿贴的方式固定大理石踢脚线。根据设计需求用硅酸钙板、木工板及石膏线条做出墙上造型。墙面满刮三遍腻子，用砂纸打磨光滑，刷底漆、白色及有色面漆。

主要材料：①玻化砖　②有色乳胶漆
　　　　　③木造型白漆

施工要点

用木工板做出电视背景墙上对称造型。墙面满刮三遍腻子，用砂纸打磨光滑，刷底漆、面漆。部分墙面刷一层基膜，用环保白乳胶配合专业壁纸粉将壁纸固定在墙面上。

主要材料：①玻化砖　②壁纸　③白色乳胶漆

施工要点

用木工板做出层板造型，贴枫木饰面板后刷油漆；剩余墙面防潮处理后用木工板打底，安装固定订购的硬包。

主要材料：①硬包　②枫木饰面板　③实木地板

施工要点

用干挂的方式将沙安娜米黄大理石固定在墙上，完工后对石材进行抛光、打蜡处理；剩余两侧墙面满刮三遍腻子，用砂纸打磨光滑，刷底漆、面漆，用丙烯颜料将图案手绘到墙面上。

主要材料：①丙烯颜料图案　②沙安娜米黄大理石　③有色乳胶漆

施工要点

用湿贴的方式将仿木纹砖固定在墙上，完工后用勾缝剂填缝，固定成品实木线条。剩余墙面满刮三遍腻子，用砂纸打磨光滑，刷一层基膜，贴壁纸。

主要材料：①仿木纹砖　②有色乳胶漆　③壁纸

果绿色的壁纸为底，局部的大理石装饰与地面的材质呼应，简朴之余不失个性和时尚。

主要材料：①壁纸　②爵士白大理石

施工要点

电视背景墙面用水泥砂浆找平。整个墙面满刮三遍腻子，用砂纸打磨光滑，刷底漆、有色面漆。有色乳胶漆需色卡选样，电脑调色。

主要材料：①复合实木地板　②银镜
　　　　　③有色乳胶漆

施工要点

用木工板做出层板造型，贴橡木饰面板，刷油漆。剩余墙面满刮三遍腻子，用砂纸打磨光滑，刷一层基膜，贴壁纸。

主要材料：①爵士白大理石　②壁纸　③橡木饰面板

施工要点

用湿贴的方式将仿木纹砖固定在墙上，完工后用勾缝剂填缝；剩余墙面用木工板打底并做出层板造型，层板贴橡木饰面板，刷油漆；用粘贴固定的方式将茶镜固定在墙上，完工后用密封胶密封。

主要材料：①壁纸　②仿木纹砖　③茶镜

精美的水晶吊灯成为暖色空间的视觉焦点，电视背景中淡淡的花纹及石材的天然纹理使空间弥漫着淡淡的醇香。

主要材料：①仿古砖　②壁纸
　　　　　③法国木纹大理石

施工要点

电视背景墙面用水泥砂浆找平，根据设计需求在墙上安装钢结构，用干挂的方式将爵士白大理石固定在墙上，完工后对石材进行抛光、打蜡处理。

主要材料：①爵士白大理石 ②壁纸

米黄大理石在灯光照射下令客厅显得静谧而温馨；精致的镂空屏风以其咖啡色的色调给客厅注入优雅舒缓的居室情感。

主要材料：①米黄大理石 ②玻化砖
③镂空屏风

施工要点

电视背景墙面用水泥砂浆找平，用点挂的方式将米黄大理石固定在墙上；剩余墙面用木工板打底，用粘贴固定的方式将黑镜固定在底板上，完工后用硅酮密封胶密封。

主要材料：①米黄大理石 ②黑镜 ③玻化砖

施工要点

电视背景墙面用用水泥砂浆找平，用湿贴的方式固定大理石踢脚线。剩余墙面满刮三遍腻子，用砂纸打磨光滑，刷一层基膜，用环保白乳胶配合专业壁纸粉将壁纸固定在墙面上。

主要材料：①壁纸 ②爵士白大理石 ③白色乳胶漆

电视背景墙上素色的印花硬包烘托出空间的静谧与温馨，独特的透光板于温馨之中映射出富有节奏的光影变化。

主要材料：①仿木纹砖　②硬包

施工要点

电视背景墙面用水泥砂浆找平，用点挂的方式将米黄洞石固定在墙上，完工后对石材进行抛光、打蜡处理；用螺钉将通花板固定在地面与吊顶间。

主要材料：①米黄洞石　②玻化砖　③通花板

施工要点

用点挂的方式固定金丝米黄大理石；镜子基层用木工板打底并做出层板造型，层板贴枫木饰面板，刷油漆；剩余墙面满刮腻子，用砂纸打磨光滑，刷底漆、有色面漆；用粘贴固定的方式固定银镜，最后固定通花板。

主要材料：①通花板　②金丝米黄大理石

用湿贴的方式将浅啡网大理石踢脚线及仿木纹砖固定在墙上，完工后用勾缝剂填缝。剩余墙面满刮三遍腻子，用砂纸打磨光滑，刷一层基膜，贴壁纸。

主要材料：①壁纸 ②仿木纹砖
③浅啡网纹大理石

白色的硬包与茶镜在电视背景墙中形成了鲜明对比。空间在冷暖、软硬之中达到了一种平衡。

主要材料：①硬包 ②茶镜 ③壁纸

用湿贴的方式将西班牙米黄大理石固定在墙上，完工后进行抛光、打蜡处理；用木工板做出收边线条，贴橡木饰面板，刷油漆；剩余墙面满刮三遍腻子，用砂纸打磨光滑，刷一层基膜，贴壁纸。

主要材料：①壁纸 ②西班牙米黄大理石

电视背景墙面用水泥砂浆找平，整个墙面满刮三遍腻子，用砂纸打磨光滑，刷底漆、面漆；部分墙面刷一层基膜，贴壁纸，安装实木踢脚线。

主要材料：①壁纸 ②实木踢脚线 ③玻化砖

施工要点

电视背景墙面用水泥砂浆找平，整个墙面满刮三遍腻子，用砂纸打磨光滑，刷底漆、面漆，安装实木踢脚线。

主要材料：①玻化砖　②通花板
③泰柚木饰面板

电视背景墙设计两侧对称，令简约的空间更显整洁；吊顶的弧形倒角造型增添空间律动感；紫色调的装饰画装点出满室的浪漫温情。

主要材料：①花砖　②雅典白大理石
③玻化砖

施工要点

用干挂的方式将爵士白大理石固定在墙上；剩余墙面满三遍腻子，用砂纸打磨光滑，刷一层基膜，用环保白乳胶配合专业壁纸粉将壁纸固定在墙面上。

主要材料：①壁纸　②爵士白大理石　③玻化砖

施工要点

电视背景墙面用水泥砂浆找平，用点挂的方式将大花白大理石固定在墙上；剩余墙面防潮处理后用木工板打底，用粘贴固定的方式将雕花银镜固定在底板上，完工后用硅酮密封胶密封；最后固定电视柜。

主要材料：①大花白大理石　②雕花银镜　③有色乳胶漆

少发背景墙中的马赛克材质与电视背景两侧
材质相呼应，搭配米黄洞石，共同营造出清
爽时尚的空间。

主要材料：①米黄洞石　②马赛克　③玻化砖

施工要点

用湿贴的方式将安曼米黄大理石固定在墙上，完工
后对石材进行抛光、打蜡处理；用木工板做出收边
线条，贴装饰面板后刷油漆；剩余墙面满刮三遍腻
子，用砂纸打磨光滑，刷一层基膜，贴壁纸。

主要材料：①安曼米黄大理石　②仿木纹地砖
　　　　　③壁纸

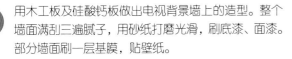

施工要点

用木工板及硅酸钙板做出电视背景墙上的造型。整个
墙面满刮三遍腻子，用砂纸打磨光滑，刷底漆、面漆。
部分墙面刷一层基膜，贴壁纸。

主要材料：①壁纸　②玻化砖　③有色乳胶漆

施工要点

用湿贴的方式将雅典白大理石固定在墙上；用木工板做出
电视背景两侧对称造型，贴水曲柳饰面板，刷油漆。

主要材料：①雅典白大理石　②水曲柳饰面板

施工要点

电视背景墙面用水泥砂浆找平，用木工板做出层板造型，贴水曲柳饰面板，刷油漆；剩余墙面满刮三遍腻子，用砂纸打磨光滑，刷底漆、有色面漆。

主要材料：①水曲柳饰面板　②有色乳胶漆　③密度板雕花

施工要点

镜子基层用木工板打底，电视柜贴枫木饰面板，刷油漆；剩余墙面满刮三遍腻子，用砂纸打磨光滑，刷底漆、面漆；用粘贴固定的方式固定银镜；用螺钉将通花板固定在地面与吊顶间。

主要材料：①亚光砖　②银镜　③通花板

施工要点

镜子基层用木工板打底并做出层板造型，层板贴白影木饰面板，刷油漆；剩余墙面满刮三遍腻子，用砂纸打磨光滑，刷一层基膜，贴壁纸；用粘贴固定的方式固定黑镜。

主要材料：①白影木饰面板　②黑镜　③壁纸

白色墙面上的墙贴给静谧的客厅空间带来了动感；黑镜的出现丰富空间的光影效果，与墙面形成强烈的视觉对比，使空间更显时尚。

主要材料：①复合实木地板　②黑镜　③墙贴

施工要点

用湿贴的方式将木纹大理石砖固定在墙上，完工后用勾缝剂填缝；剩余墙面用木工板打底，用粘贴固定的方式固定黑镜；最后将通花板固定在镜面上。

主要材料：①木纹大理石　②黑镜

黑白直线条纹的壁纸运用在客厅电视背景墙上，搭配弧形线条的收边，使空间更具动感。

主要材料：①壁纸　②白橡木饰面板　③玻化砖

施工要点

按照设计图纸用木工板及硅酸钙板做出电视背景墙上的造型，电视柜贴水曲柳饰面板，刷油漆；剩余部分墙面满刮腻子，用砂纸打磨光滑，刷底漆、面漆；用粘贴固定的方式将灰镜固定在剩余底板上。

主要材料：①实木地板　②壁纸　③灰镜

施工要点

用硅酸钙板做出电视背景墙上的造型，整个墙面满刮三遍腻子，用砂纸打磨光滑，刷底漆、白色及有色面漆；将选购的墙贴固定在墙面上。

主要材料：①有色乳胶漆　②墙贴　③仿古砖

墙面统一采用淡雅色调处理，搭配玻璃储物层板的点缀，空间流露出无限的时尚感。三幅色彩艳丽的装饰画为卧室注入几许浪漫的气息。

主要材料：①仿木纹砖 ②有色乳胶漆 ③清玻

施工要点

电视背景墙面用水泥砂浆找平，用点挂及湿贴的方式将爵士白大理石固定在墙上及矮台上；剩余墙面防潮处理后用木工板打底，用粘贴固定的方式将灰镜固定在底板上，完工后用硅酮密封胶密封。

主要材料：①壁纸 ②灰镜 ③爵士白大理石

施工要点

用点挂及湿贴的方式将爵士白大理石固定在墙上及矮台上；剩余墙面防潮处理后用木工板打底，用粘贴固定的方式将金镜固定在底板上，完工后用硅酮密封胶密封。

主要材料：①爵士白大理石 ②壁纸 ③金镜

施工要点

按照设计图纸在墙面上弹线放样，用木工板及硅酸钙板做出造型。部分墙面满刮三遍腻子，用砂纸打磨光滑，刷底漆、面漆。用粘贴固定的方式将黑镜固定在剩余底板上。

主要材料：①米黄大理石 ②黑镜 ③白色乳胶漆

 用木工板及硅酸钙板做出电视背景墙上的造型，电视柜贴柚木饰面板，刷油漆。剩余墙面满刮三遍腻子，用砂纸打磨光滑，刷底漆、面漆，用粘贴固定的方式将黑镜固定在底板上。

主要材料：①柚木饰面板　②玻化砖　③灰镜

 电视背景墙面用水泥砂浆找平，部分墙面用木工板打底，贴水曲柳饰面板，刷油漆；剩余墙面满刮三遍腻子，用砂纸打磨光滑，刷底漆、面漆；最后安装实木踢脚线。

主要材料：①水曲柳饰面板　②复合实木地板　③白色乳胶漆

 电视背景墙面用水泥砂浆找平，用木工板做出电视柜造型，贴枫木饰面板，刷油漆。剩余墙面满刮三遍腻子，用砂纸打磨光滑，刷底漆、面漆。

主要材料：①枫木饰面板　②仿古砖　③白色乳胶漆

 电视背景墙采用极简的设计处理，黑白装饰画点缀了空间，纯白的电视柜凸显出追求简单生活的品味，橘色系的座椅则为空间注入了活力。

主要材料：①仿古砖　②水曲柳饰面板　③枫木饰面板

施工要点

用木工板做出电视背景墙上的凹凸造型。部分墙面满刮三遍腻子，用砂纸打磨光滑，刷底漆、面漆。用托压固定的方式将灰镜固定在底板上。

主要材料：①壁纸　②仿古砖　③灰镜

施工要点

用木工板做出电视柜造型，贴水曲柳饰面板，刷油漆。剩余墙面满刮三遍腻子，用砂纸打磨光滑，刷底漆、面漆。最后安装实木踢脚线。

主要材料：①复合实木地板　②水曲柳饰面板
　　　　　③白色乳胶漆

施工要点

用木工板做出电视背景墙面中隐形门结构，整个墙面贴指接板，刷油漆。

主要材料：①壁纸　②指接板　③复合实木地板

电视机内嵌于背景墙中，不倒角的设计使界面层次分明。大面积银镜的反射，增强了空间的层次感。

主要材料：①爵士白大理石
　　　　　②银镜　③实木地板

54

施工要点 用湿贴的方式将大理石固定在矮台上，用木工板做出造型，电视柜贴枫木饰面板，刷油漆。部分底板用肌理漆饰面。最后用粘贴固定的方式将黑镜固定在底板上，完工后用硅酮密封胶密封。

主要材料：①壁纸　②肌理漆　③黑镜

施工要点 用湿贴的方式将爵士白大理石固定在墙上；剩余墙面防潮处理后用木工板打底，用气钉及胶水将订购的软包固定在底板上。

主要材料：①壁纸　②爵士白大理石　③软包

不同的材质以咖啡色调统一在一起，呈现出淡淡温馨感和细腻质感。吊顶的花瓣状吊灯成为装点空间的点睛之笔。

主要材料：①壁纸　②复合实木地板　③黑镜

施工要点 用干挂的方式将订购的米黄及黑色大理石固定在墙上，完工后对石材进行养护；用木工板做出收边线条，贴胡桃木饰面板，刷油漆；剩余墙面用木工板打底，贴枫木饰面板，刷油漆。

主要材料：①无纺布壁纸　②枫木饰面板　③仿大理石地砖

白色主调的空间有着明显的极简风格。吊顶的花瓣状吊灯给极简的空间带来时尚感，使整体格调显得雅致时尚、清新脱俗。

主要材料：①实木地板　②实木踢脚线
　　　　　③实木条

施工要点

用点挂的方式将爵士白大理石固定在墙上，完工后对石材进行养护；部分墙面用木工板打底并做出电视柜造型，贴装饰面板，刷油漆；剩余墙面满刮腻子，用砂纸打磨光滑，刷一层基膜，贴壁纸。

主要材料：①壁纸　②爵士白大理石
　　　　　③玻化砖

用干挂的方式将爵士白大理石固定在墙上；剩余墙面用木工板打底，部分墙面满刮腻子，用砂纸打磨光滑，刷一层基膜，贴壁纸；剩余底板贴指接板，刷油漆。

主要材料：①壁纸　②爵士白大理石　③黑镜

用干挂的方式将米黄大理石固定在墙上，完工后对石材进行抛光、打蜡处理；剩余墙面防潮处理后用木工板打底，用粘贴固定的方式将黑镜固定在底板上，完工后用硅酮密封胶密封。

主要材料：①黑镜　②米黄大理石　③玻化砖

施工要点

用湿贴的方式将爵士白大理石固定在墙上，镜子基层用木工板打底，用硅酸钙板做出凹凸造型。墙面满刮三遍腻子，用砂纸打磨光滑，刷底漆、面漆。用粘贴固定的方式将黑镜固定在底板上。

主要材料：①黑镜　②爵士白大理石
　　　　　③仿木纹地砖

施工要点

用点挂的方式将安曼米黄大理石固定在墙上，用木工板及硅酸钙板做出设计的造型。部分墙面满刮三遍腻子，用砂纸打磨光滑，刷底漆、面漆。用粘贴固定的方式固定黑镜。

主要材料：①安曼米黄大理石　②黑镜
　　　　　③白色乳胶漆

施工要点

用干挂的方式将大理石固定在墙上，完工后对石材进行养护；镜子基层用木工板打底，用粘贴固定的方式固定黑镜；剩余墙面满刮三遍腻子，用砂纸打磨光滑，刷一层基膜，贴壁纸。

主要材料：①壁纸　②黑镜　③复合实木地板

沙发背景墙采用对称的书柜装饰，兼具美观及实用性；灰镜点缀其中，带来了更加丰富的视觉效果；中间大幅抽象画给简约的客厅带来了时尚的元素。

主要材料：①软包　②灰镜　③仿木纹地砖

以沉着稳重的咖啡色为空间基调, 搭配暖黄色的灯光, 使空间充满儒雅的书香气息。

主要材料: ①软包 ②实木地板 ③橡木饰面板

施工要点

用干挂的方式将米黄大理石固定在墙上, 完工后对石材进行养护; 剩余墙面防潮处理后用木工板打底, 用粘贴固定的方式将黑镜固定在底板上, 完工后用硅酮密封胶密封。

主要材料: ①黑镜 ②壁纸 ③米黄大理石

施工要点

电视背景墙面用水泥砂浆找平, 用硅酸钙板离缝拼贴。墙面满刮三遍腻子, 用砂纸打磨光滑, 刷一层基膜, 贴壁纸。

主要材料: ①壁纸 ②玻化砖 ③白色乳胶漆

施工要点

用干挂的方式将爵士白大理石固定在墙上, 完工后对石材进行养护; 剩余墙面防潮处理后用木工板打底, 用粘贴固定的方式将黑镜固定在底板上。

主要材料: ①爵士白大理石 ②黑镜 ③壁纸

施工要点

根据设计需求在电视背景墙上安装钢结构，用干挂的方式将米黄洞石固定在墙面上；剩余墙面用木工板打底，用粘贴固定的方式将银镜固定在底板上，完工后用硅酮密封胶密封。

主要材料：①米黄洞石　②仿木纹砖　③银镜

施工要点

电视背景墙面用水泥砂浆找平，镜子基层用木工板打底，用粘贴固定的方式固定黑镜；用地板钉将复合实木板固定在剩余墙面上。

主要材料：①复合实木地板　②黑镜　③软包

深褐色的仿古砖铺满整个客厅，使气氛沉稳、静谧；电视背景墙面的立体造型，将多种材质作几何形体的构成设计，极具现代设计感。

主要材料：①仿古砖　②米黄大理石　③泰柚木饰面板

施工要点

用木工板做出电视背景墙中造型，电视柜及部分墙面贴指接板，刷油漆；剩余墙面满刮三遍腻子，用砂纸打磨光滑，刷底漆、面漆；部分墙面刷一层基膜，贴壁纸。

主要材料：①无纺布壁纸　②玻化砖　③指接板

施工要点 用湿贴的方式将金丝米黄大理石固定在墙上；剩余墙面满刮三遍腻子，用砂纸打磨光滑，刷一层基膜，贴壁纸。

主要材料：①壁纸 ②金丝米黄大理石 ③木纹玻化砖

施工要点 用干挂的方式将木纹洞石固定在墙上；剩余墙面用木工板打底并做出层板造型，层板贴枫木饰面板，刷油漆；用粘贴固定的方式将灰镜固定在剩余底板上。

主要材料：①木纹洞石 ②壁纸 ③灰镜

电视背景墙没到顶的设计令空间显得更加开阔。爵士白大理石与黑镜形成强烈的色彩对比，带来视觉冲击力的同时也增添了空间的时尚感。

主要材料：①黑镜 ②壁纸 ③爵士白大理石

施工要点 用湿贴的方式将仿木纹砖固定在墙上，完工后用勾缝剂填缝；用木工板做出设计的造型，贴柚木饰面板，刷油漆。

主要材料：①柚木饰面板 ②仿木纹砖 ③复合实木地板

整个客厅大面积的留白处理展现出质朴的特质；白色与咖啡色搭配的家具清新自然，体现了简约时尚的空间主题。

主要材料：①玻化砖
②白色乳胶漆
③实木踢脚线

施工要点 用木工板做出电视背景墙上的造型，部分底板贴枫木饰面板，刷油漆；剩余墙面满刮三遍腻子，用砂纸打磨光滑，刷底漆、面漆。

主要材料：①枫木饰面板 ②仿木纹地砖

施工要点 电视背景墙面用水泥砂浆找平，根据设计需求在墙上安装钢结构，用干挂的方式将爵士白大理石固定在墙上，完工后对石材进行抛光、打蜡处理。

主要材料：①爵士白大理石 ②玻化砖 ③有色乳胶漆

 施工要点
用点挂的方式将爵士白大理石固定在墙上，黑镜基层用木工板打底，用粘贴固定的方式固定；剩余墙面满刮三遍腻子，用砂纸打磨光滑，刷一层基膜，贴壁纸。

主要材料：①壁纸
②爵士白大理石
③仿古砖

施工要点
用干挂的方式将爵士白大理石固定在墙上；剩余墙面防潮处理后用木工板打底，用粘贴固定的方式将灰镜固定在底板上，完工后用硅酮密封胶密封。

主要材料：①壁纸 ②爵士白大理石 ③灰镜

施工要点
电视背景墙面用水泥砂浆找平，用点挂的方式将米黄大理石固定在墙面上，完工后对石材进行抛光、打蜡处理；剩余墙面满刮三遍腻子，用砂纸打磨光滑，刷底漆、面漆。

主要材料：①米黄大理石 ②白色乳胶漆 ③手工地毯

施工要点
用湿贴的方式将文化石固定在墙上，完工后清洁好石材表面；安装成品实木收边线条及电视柜。

主要材料：①文化石 ②玻化砖 ③壁纸

施工要点
用木工板及硅酸钙板做出电视背景墙上的凹凸造型，电视柜贴水曲柳饰面板，刷油漆，剩余墙面满刮三遍腻子，用砂纸打磨光滑，刷底漆、面漆。部分墙面刷一层基膜，贴壁纸。

主要材料：①条纹壁纸
②水曲柳饰面板 ③玻化砖

施工要点

电视背景墙面用水泥砂浆找平，用硅酸钙板做出电视背景墙上的造型。墙面满刮三遍腻子，用砂纸打磨光滑，刷底漆、面漆；部分墙面刷一层基膜，贴壁纸。

主要材料：①有色乳胶漆 ②壁纸 ③艺术玻璃

施工要点

用点挂的方式将安曼米黄大理石固定在墙上，完工后对石材进行抛光、打蜡处理；剩余墙面防潮处理后用木板打底，用粘贴固定的方式将银镜固定在底板上，完工后用硅酮密封胶密封。

主要材料：①安曼米黄大理石 ②银镜

施工要点

电视背景墙面用水泥砂浆找平，用点挂的方式将爵士白大理石及黑白根大理石固定在墙上，完工后对石材进行抛光、打蜡处理。

主要材料：①复合实木板 ②黑白根大理石 ③玻化砖

客厅以灰白为空间主色调；两侧对称的电视背景搭配白色系的家具，共同营造出清爽时尚的空间。

主要材料：①壁纸 ②玻化砖 ③白色乳胶漆

施工要点

用干挂的方式将爵士白大理石固定在墙上，完工后对石材进行养护；剩余墙面防潮处理后用木工板打底，用粘贴固定的方式将黑镜固定在底板上。

主要材料：①黑镜　②爵士白大理石

施工要点

用点挂的方式将爵士白大理石固定在墙上，完工后对石材进行养护；剩余墙面用木工板打底，部分墙面贴红橡木饰面板后刷油漆；用粘贴固定的方式将灰镜固定在底板上。

主要材料：①仿木纹地砖　②爵士白大理石　③灰镜

施工要点

沙发背景墙面用水泥砂浆找平，整个墙面防潮处理后用木工板打底；部分墙面贴橡木饰面板，刷油漆；用粘贴固定的方式将银镜固定在剩余底板上，完工后用硅酮密封胶密封。

主要材料：①仿木纹地砖　②樱桃木木饰面板

电视背景墙运用米黄大理石和茶镜贴饰，虚实之间强化了空间现代简约的风格主题。

主要材料：①米黄洞石　②茶镜

施工要点 用湿贴的方式将黑白根大理石踢脚线固定在墙上，用木工板做出电视柜造型，贴水曲柳饰面板，刷油漆；剩余墙面满刮三遍腻子，用砂纸打磨光滑，刷一层基膜，贴壁纸；最好固定通花板。

主要材料：①黑白根大理石 ②壁纸 ③通花板

施工要点 电视背景墙面用水泥砂浆找平，根据设计在墙面上弹线放样，用干挂的方式将爵士白大理石固定在墙上；剩余墙面防潮处理后用木工板打底，用粘贴固定的方式将黑镜固定在底板上。

主要材料：①爵士白大理石 ②黑镜 ③指接板

施工要点 电视背景墙面用水泥砂浆找平，用湿贴的方式将爵士白大理石固定在墙上；剩余墙面防潮处理后用木工板打底，用粘贴固定的方式将黑镜固定在底板上；最后安装订购的电视柜。

主要材料：①爵士白大理石 ②黑镜 ③壁纸

空间以经典的黑白搭配为主调，并融入大面积的木饰面，将自然舒适的居室空间气息引入到现代时尚。

主要材料：①指接板 ②黑镜

施工要点 用湿贴的方式将仿古砖固定在墙上，完工后用勾缝剂填缝，用干挂的方式固定大理石。剩余墙面满刮三遍腻子，用砂纸打磨光滑，刷底漆、面漆。

主要材料：①仿古砖 ②西班牙米黄大理石 ③马赛克

施工要点 电视背景墙面用水泥砂浆找平，整个墙面防潮处理后用木工板打底，用气钉及胶水将硬包固定在底板上；用玻璃胶将银镜固定在剩余底板上。

主要材料：①硬包 ②银镜 ③复合实木地板

施工要点

电视背景墙面用水泥砂浆找平，按照设计图纸在墙面上弹线放样；用干挂的方式将西班牙米黄大理石固定在墙上；剩余墙面用木工板打底，固定收边线条，用粘贴固定的方式将灰镜固定在底板上。

主要材料：①西班牙米黄大理石
②灰镜 ③深啡网纹大理石

电视背景墙整体的立体造型让空间充满现代时尚气息；灰镜的运用视觉上拉伸了空间；生动的墙贴给空间带来活力。

主要材料：①实木地板 ②壁纸 ③灰镜

大面积的米黄色调营造出温馨、舒适的客厅空间；绿色植物的点缀为现代时尚的空间带来大自然的气息。

主要材料：①复合实木地板　②壁纸　③有色乳胶漆

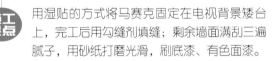

施工要点　用湿贴的方式将马赛克固定在电视背景矮台上，完工后用勾缝剂填缝；剩余墙面满刮三遍腻子，用砂纸打磨光滑，刷底漆、有色面漆。

主要材料：①有色乳胶漆　②复合实木地板　③马赛克

施工要点　用干挂的方式将西班牙米黄大理石固定在墙上，完工后进行抛光、打蜡处理；剩余墙面防潮处理后用木工板打底，用粘贴固定的方式将银镜固定在底板上，完工后用硅酮密封胶密封。

主要材料：①西班牙米黄大理石　②银镜　③无纺布壁纸

施工要点

按照设计图纸在电视背景墙面上弹线放样，用干挂的方式将沙安娜米黄大理石固定在墙上；剩余墙面满刮三遍腻子，用砂纸打磨光滑，刷一层基膜，贴壁纸。

主要材料：①壁纸
②沙安娜米黄大理石
③紫罗红大理石

无需多余的色彩，素雅的空间色调也能彰显低调的奢华。深色的钢琴点缀其中，增加了时尚气息。

主要材料：①玻化砖 ②白色大理石

施工要点

用点挂的方式将大理石固定在客厅电视背景墙上，完工后对石材进行养护；剩余墙面用木工板打底，用粘贴固定的方式将灰镜固定在底板上，完工后用硅酮密封胶密封。

主要材料：①雕花灰镜 ②雅典白大理石 ③亚光砖

施工要点

根据设计需求在墙上安装钢结构，用干挂的方式固定爵士白大理石；剩余墙面用木工板打底并做出电视柜造型，贴枫木饰面板，刷油漆；用粘贴固定的方式将黑镜固定在干净的底板上，最后安装踢脚线。

主要材料：①爵士白大理石 ②枫木饰面板 ③黑镜

施工要点

用干挂的方式将爵士白大理石固定在墙上，完工后对石材进行养护；用木工板做出电视柜造型，贴水曲柳饰面板后刷油漆；剩余墙面满刮三遍腻子，用砂纸打磨光滑，刷底漆、面漆；用粘贴固定的方式固定银镜。

主要材料：①壁纸 ②爵士白大理石 ③银镜

施工要点

用湿贴的方式固定踢脚线，用干挂的方式固定黑白根大理石的台面。按照设计图纸用硅酸钙板离缝拼贴。墙面满刮三遍腻子，用砂纸打磨光滑，刷底漆、面漆。

主要材料：①壁纸　②硅藻泥　③黑白根大理石

施工要点

电视背景墙面用水泥砂浆找平，金镜基层用木工板打底并做出收边线条；墙面满刮三遍腻子，用砂纸打磨光滑，刷底漆、面漆；用粘贴固定的方式固定金镜；用丙烯颜料将图案手绘到墙面上。

主要材料：①金镜　②壁纸

施工要点

用湿贴的方式将世纪金花大理石固定在墙上；剩余墙面用木工板打底，用粘贴固定的方式固定黑镜；用气钉将绿可木固定在电视背景墙一侧。

主要材料：①世纪金花大理石　②黑镜　③绿可木

纯白色调的空间给人温馨、舒适的感觉；入户处色彩艳丽的装饰画点缀其中，带来无限活力。

运用形式美的原则，将多种材质作几何形体的构成设计，使电视背景墙极具现代设计感。

主要材料：①壁纸　②软包　③茶镜

 用湿贴的方式将米黄大理石固定在墙上；剩余墙面用木工板打底并做出造型；部分墙面满刮三遍腻子，刷底漆、面漆；电视柜贴水曲柳饰面板，刷油漆；用粘贴固定的方式将银镜固定在底板上。

主要材料：①银镜　②米黄大理石　③水曲柳饰面板

 用木工板做出电视背景墙两侧对称的储物柜造型，贴水曲柳饰面板，刷油漆；剩余墙面满刮三遍腻子，用砂纸打磨光滑，刷底漆、面漆；用丙烯颜料将图案手绘到墙面上。

主要材料：①水曲柳饰面板　②玻化砖　③丙烯颜料图案

 用干挂的方式将米黄大理石固定在墙上，完工后对石材进行抛光、打蜡处理；剩余墙面防潮处理后用木工板打底，用粘贴固定的方式将银镜固定在底板上。

主要材料：①壁纸　②米黄大理石　③银镜

施工要点 电视背景墙面用水泥砂浆找平，按照设计图纸在墙面上弹线放样，用干挂的方式将大理石固定在墙面上，完工后进行抛光、打蜡处理；剩余墙面用木工板打底，用粘贴固定的方式将黑镜固定在底板上。

主要材料：①爵士白大理石 ②安曼米黄大理石 ③黑镜

施工要点 用干挂及湿贴的方式将黑色大理石固定在墙上；用硅酸钙板做出墙面上离缝造型，墙面满刮三遍腻子，用砂纸打磨光滑，刷底漆、面漆。

主要材料：①硅藻泥 ②灰镜

施工要点 用湿贴的方式将仿木纹砖固定在墙上，完工后用勾缝剂填缝；固定不锈钢收边线条，用木工板做出层板，贴枫木饰面板，刷油漆；剩余墙面满刮三遍腻子，用砂纸打磨光滑，刷底漆、有色面漆。

主要材料：①仿木纹砖
②枫木饰面板
③有色乳胶漆

客厅墙面大面积运用仿木纹砖搭配蓝色磨砂玻璃装饰，令气氛沉稳、内敛；吊顶上只采用筒灯来装饰与照明，凸显出简约的设计风格与独特的生活品味。

主要材料：①玻化砖
②橡木饰面板
③蓝色磨砂玻璃

施工
要点

用湿贴的方式将爵士白大理石固定在墙上，完工后对石材进行抛光、打蜡养护；剩余墙面用木工板打底，用粘贴固定的方式将黑镜固定在底板上，完工后用硅酮密封胶密封。

主要材料：①爵士白大理石　②黑镜
　　　　　③白色乳胶漆

素雅的空间没有过多奢华的装饰，低调的色彩透着优雅的宁静。主人可以躺在沙发上静静地品味宁静之中的生活。

主要材料：①爵士白大理石　②灰镜　③无纺布壁纸

施工
要点

过道墙面用水泥砂浆找平，用木工板做出壁龛造型，贴橡木饰面板后刷油漆；剩余墙面满刮三遍腻子，用砂纸打磨光滑，刷底漆、面漆，用粘贴固定的方式将银镜固定在底板上；最后安装实木踢脚线。

主要材料：①实木地板　②银镜

电视背景竖条纹的装饰视觉上拉伸了纵向空间。白色大理石的点缀传递出一种低调的奢华。空间里细节丰富而迷人，彰显优雅的生活品味。

主要材料：①爵士白大理石　②仿古砖

施工要点

电视背景墙面用水泥砂浆找平，根据设计需求在墙面上弹线放样，用点挂的方式将玉石固定在墙上，完工后进行抛光、打蜡处理；剩余墙面用木工板打底，用粘贴固定的方式将黑镜固定在底板上。

主要材料：①玉石　②黑镜　③仿木纹地砖

施工要点

电视背景墙面用水泥砂浆找平，根据设计需求在墙上安装钢结构，用干挂的方式将爵士白大理石固定在墙上；剩余墙用木工板打底，用粘贴固定的方式将黑镜固定在底板上，完工后用硅酮密封胶密封。

主要材料：①爵士白大理石　②黑镜　③有色乳胶漆

电视背景墙两侧对称的蜂窝状造型给客厅带来了时尚感；大面积灰镜的运用，视觉上拉伸空间。

主要材料：①壁纸　②灰镜　③实木地板

 用湿贴的方式将仿木纹砖固定在墙上，剩余墙面防潮处理后用木工板打底，用粘贴固定的方式将金镜固定在底板上，完工后用硅酮密封胶密封。

主要材料：①仿木纹砖　②金镜　③壁纸

 沙发背景墙用水泥砂浆找平，根据设计需求在墙上安装钢结构，用干挂的方式将爵士白大理石固定在墙上，完工后对石材进行抛光、打蜡处理。

主要材料：①黑镜　②玉石　③仿木纹地砖

 用木工板及硅酸钙板做出电视背景墙上的造型。墙面满刮三遍腻子，用砂纸打磨光滑，刷底漆、面漆。部分墙面刷一层基膜，贴壁纸。用粘贴固定的方式将黑镜固定在底板上。

主要材料：①壁纸　②黑镜　③玻化砖

电视背景墙用矮墙代替，令视野得以延伸，空间更显宽阔。软包与黑镜在色彩上形成对比，带来时尚感。

主要材料：①雕花银镜　②壁纸　③软包

 用木工板及硅酸钙板做出电视背景墙上的造型，整个墙面满刮三遍腻子，用砂纸打磨光滑，刷底漆、面漆。部分墙面刷一层基膜，用环保白乳胶配合专业壁纸粉将壁纸固定在墙面上。

主要材料：①仿古砖　②壁纸　③白色乳胶漆

 电视背景墙面用水泥砂浆找平，部分墙面用木工板打底，剩余墙面满刮三遍腻子，用砂纸打磨光滑，刷底漆、有色面漆。用气钉及胶水固定软包，最后安装实木踢脚线。

主要材料：①有色乳胶漆　②实木地板　③软包

 电视背景墙面用水泥砂浆找平，根据设计需求在墙面上弹线放样，用木工板做出凹凸造型。部分底板满刮腻子，刷底漆、面漆；用粘贴固定的方式固定印花灰镜。

主要材料：①壁纸　②玻化砖　③印花灰镜

施工要点

用木工板做出造型，收边线条贴水曲柳饰面板，刷油漆；部分墙面满刮三遍腻子，用砂纸打磨光滑，刷一层基膜，贴壁纸；用粘贴固定的方式将黑镜固定在剩余底板上。

主要材料：①水曲柳饰面板
②壁纸 ③黑镜

施工要点

电视背景墙面用水泥砂浆找平，用湿贴的方式将爵士白大理石固定在墙上，用干挂的方式将大理石收边线条固定在墙上，完工后对石材进行抛光、打蜡处理。

主要材料：①硬包 ②爵士白大理石 ③壁纸

施工要点

用湿贴的方式将银线米黄大理石固定在墙上；剩余墙面用木工板打底，收边线条贴水曲柳饰面板，刷油漆；用粘贴固定的方式将茶镜固定在底板上，完工后用硅酮密封胶密封。

主要材料：①水曲柳饰面板 ②银线米黄大理石 ③茶镜

电视背景矮墙增强了空间的通透感，黑白色调搭配极具视觉冲击力；浅咖啡色的布艺沙发令客厅更加温馨、舒适。

主要材料：①米黄大理石
②亚光砖

餐厅背景墙用储物柜代替,美观实用,搭配上银镜装饰,给空间带来丰富的视觉效果,增添空间的时尚感。

主要材料:①爵士白大理石　②银镜　③仿大理石砖

施工要点

用干挂的方式将白色大理石固定在电视背景墙上;剩余墙面用木工板打底,用粘贴固定的方式将灰镜固定在底板上,完工后用硅酮密封胶密封。

主要材料:①爵士白大理石　②灰镜

施工要点

用硅酸钙板及木工板做出电视背景墙上的造型。部分墙面满刮三遍腻子,用砂纸打磨光滑,刷底漆、面漆。用粘贴固定的方式将灰镜固定在底板上,完工后用硅酮密封胶密封。

主要材料:①壁纸　②仿古砖　③灰镜

施工要点

沙发背景墙面用水泥砂浆找平,整个墙面满刮三遍腻子,用砂纸打磨光滑,刷底漆、有色面漆。有色乳胶漆须色卡选样,电脑调色。

主要材料:①实木地板　②白胡桃木饰面板　③有色乳胶漆

施工要点

沙发背景墙面用水泥砂浆找平，用湿贴的方式将仿木纹砖固定在墙上，完工后用勾缝剂填缝。

主要材料：①仿木纹砖　②银镜　③复合实木板

施工要点

电视背景墙面用水泥砂浆找平，在墙上安装钢结构，固定爵士白大理石；剩余墙面用木工板打底，用气钉及胶水固定软包；顶部墙面满刮三遍腻子，用砂纸打磨光滑，刷底漆、有色面漆。

主要材料：①玻化砖　②软包　③爵士白大理石

清透的白色弱化了空间布局的曲折感，同时打下了明亮的空间底色。电视背景墙采用几何形体叠加装饰，富有层次感。

主要材料：①壁纸　②爵士白大理石　③黑镜

用干挂的方式将爵士白大理石收边线条固定在墙上；剩余墙面防潮处理后用木工板打底，固定订购的硬包。

主要材料：①爵士白大理石 ②硬包
③复合实木地板

纯白色的电视背景墙中，黑色线条的点缀成为空间的视觉焦点，与吊顶设计手法保持一致，体现了整个空间的连贯统一。

主要材料：①安曼米黄大理石
②壁纸 ③白色乳胶漆

施工要点

用湿贴的方式将仿皮纹砖固定在墙上；剩余部分墙面用木工板打底，收边线条贴水曲柳饰面板后刷油漆；用粘贴固定的方式固定灰镜；用气钉及胶水固定软包；剩余墙面满刮三遍腻子，用砂纸打磨光滑，刷一层基膜，贴壁纸。

主要材料：①仿皮纹砖 ②灰镜 ③壁纸

施工要点

用干挂的方式固定爵士白大理石台面；剩余部分墙面用木工板打底，用气钉及胶水固定软包；剩余墙面满刮三遍腻子，用砂纸打磨光滑，刷底漆、有色面漆。

主要材料：①玻化砖 ②爵士白大理石 ③软包

大理石的天然纹理搭配竖条纹的装饰给人感觉并不冰冷，反而显得明亮活泼。搭配上灵动有致的水晶吊灯，使简约的空间清丽明亮、安静舒适。

主要材料：①米黄大理石
②实木线条刷白漆
③复合实木地板

施工要点 电视背景墙面用水泥砂浆找平，用干挂的方式将大理石固定在墙上；剩余墙面满刮三遍腻子，用砂纸打磨光滑，刷一层基膜，贴壁纸。

主要材料：①爵士白大理石　②浅啡网纹大理石　③黑镜

施工要点 用干挂的方式将西班牙米黄大理石固定在墙上，完工后对石材进行养护；剩余墙面防潮处理后用木工板打底，用粘贴固定的方式固定灰镜。

主要材料：①西班牙米黄大理石　②灰镜　③玻化砖

施工要点 电视背景墙面用水泥砂浆找平，按照设计图纸在墙上安装钢结构，用干挂的方式将大理石固定在墙上，完工后对石材进行抛光、打蜡处理。

主要材料：①无纺布壁纸　②仿木纹地砖
③大理石

客厅以暖色调为主，给人清新舒适的感觉；大面积的实木地板令空间气氛更显温馨；摒弃了繁琐与奢华的空间清新怡人。

主要材料：①壁纸　②实木地板　③黑镜

施工要点

根据设计需求在电视背景墙上安装钢结构，用干挂的方式将爵士白大理石固定在墙上；剩余墙面防潮处理后用木工板打底，用粘贴固定的方式将黑镜固定在底板上，完工后用硅酮密封胶密封。

主要材料：①爵士白大理石　②壁纸　③灰镜

施工要点

用木工板做出电视背景墙上的书架造型，贴橡木饰面板后刷油漆；剩余墙面满刮三遍腻子，用砂纸打磨光滑，刷一层基膜，用环保白乳胶配合专业壁纸粉将壁纸固定在墙面上。

主要材料：①壁纸　②橡木饰面板

施工要点

用干挂的方式将米黄大理石及浅咖网纹大理石固定在电视背景墙上；剩余墙面防潮处理后用木工板打底，用粘贴固定的方式将银镜固定在底板上。

主要材料：①浅咖网纹大理石　②壁纸　③银镜

施工要点

用干挂的方式将爵士白大理石固定在墙上，完工后进行石材养护；剩余墙面用木工板打底，用粘贴固定的方式将黑镜固定在底板上；最后安装订购的电视柜。

主要材料：①爵士白大理石
②黑镜

以仿古砖与壁纸搭配装饰电视背景墙，相同的色系令简约的客厅倍显安静舒适；清爽整洁的家居陈设，营造出纯美简约的家。

主要材料：①仿古砖 ②玻化砖
③木纹墙砖

施工要点

用湿贴的方式将订购的文化石固定在电视背景墙上；用木工板做出层板造型，贴水曲柳饰面板，刷油漆。

主要材料：①灰镜 ②文化石 ③钢化玻璃

施工要点

用湿贴的方式将米黄大理石固定在电视背景墙上，完工后对石材进行抛光、打蜡处理；剩余墙面用木工板打底，用粘贴固定的方式将灰镜固定在底板上，最后固定收边线条。

主要材料：①米黄大理石 ②灰镜 ③深啡网纹大理石

施工要点

电视背景墙面用水泥砂浆找平，用湿贴的方式将深啡网纹大理石踢脚线固定在墙上；用木工板及硅酸钙板做出顶部线条，墙面满刮三遍腻子，用砂纸打磨光滑，刷底漆、白色及有色面漆。

主要材料：1 有色乳胶漆　2 玻化砖

米黄大理石的铺贴使客厅更具温馨感，两侧对称的镜面装饰给空间增添了华美气息，带来丰富的光影效果。

主要材料：1 米黄大理石　2 玻化砖　3 车边银镜

施工要点

用干挂的方式将爵士白大理石固定在电视背景墙上；剩余墙面用木工板打底，并做出收边线条，贴橡木饰面板刷油漆，用粘贴固定的方式将灰镜固定在底板上。

主要材料：1 爵士白大理石　2 灰镜

施工要点

用点挂的方式将木纹大理石固定在墙上，完工后进行养护；用木工板做出收边线条，贴水曲柳饰面板，刷油漆；剩余墙面满刮三遍腻子，用砂纸打磨光滑，刷底漆、面漆。

主要材料：1 木纹大理石　2 黑白根大理石

电视背景墙采用对称式设计，令空间更显整体。不规则的储物柜造型兼具美观及实用性，与石材的不规则分割相协调，营造出一种独特的格调。

主要材料：①浅啡网纹大理石　②银镜　③黑白根大理石

施工要点 用干挂的方式将爵士白大理石固定在电视背景矮墙上。剩余墙面用木工板打底，用粘贴固定的方式将黑镜固定在底板上，完工后用硅酮密封胶密封。

主要材料：①爵士白大理石　②黑镜　③玻化砖

施工要点 用干挂的方式固定爵士白大理石；用木工板做出电视柜造型，贴水曲柳饰面板，刷油漆；将钢化玻璃固定在吊顶与矮墙之间，完工后用硅酮密封胶密封。

主要材料：①爵士白大理石　②钢化玻璃

施工要点 用湿贴的方式将黑白根大理石踢脚线固定在墙面上；剩余墙面满刮三遍腻子，用砂纸打磨光滑，刷底漆、面漆，用丙烯颜料将图案手绘到墙面上。

主要材料：①黑白根大理石　②丙烯颜料图案　③玻化砖

曲线形的天花和非对称式的电视背景墙设计，让空间柔美雅致又富有节奏感，同时又多了儿许惬意和浪漫气息。

主要材料：1.灰镜　2.壁纸

 施工要点

用湿贴的方式将黑白根大理石踢脚线固定在墙上；用木工板做出墙上的造型，墙面满刮三遍腻子，用砂纸打磨光滑，刷底漆、面漆；部分墙面刷一层基膜，贴壁纸；用粘贴固定的方式固定银镜。

主要材料：1.壁纸
　　　　　2.黑白根大理石
　　　　　3.银镜

 施工要点

用木工板及硅酸钙板做出电视背景墙上的造型，墙面满刮三遍腻子，用砂纸打磨光滑，刷底漆、面漆；部分墙面刷一层基膜，用环保白乳胶配合专业壁纸粉将壁纸固定在墙上。

主要材料：1.壁纸　2.玻化砖
　　　　　3.密度板雕花

施工要点

用湿贴的方式将仿木纹砖固定在墙上，完工后用勾缝剂填缝；用干挂的方式固定黑白根大理石收边线条；用木工板做出两侧造型，部分墙面满刮腻子，刷底漆、面漆；用粘贴固定的方式固定雕花银镜。

主要材料：①黑白根大理石
②仿木纹砖 ③雕花银镜

电视背景墙上的弧形凹凸造型给客厅带来律动感。纯净的白色加以暖黄色的点缀使空间散发出现代气息。

主要材料：①银镜 ②马赛克
③玻化砖

 施工要点

沙发背景墙面用水泥砂浆找平，用木工板做出柱状造型，贴水曲柳饰面板，刷油漆；剩余墙面满刮三遍腻子，用砂纸磨光滑，刷一层基膜，贴壁纸。

主要材料：①壁纸 ②黑镜 ③水曲柳饰面板

 施工要点

用干挂的方式固定玉石，完工后对石材进行抛光、打蜡处理；用木工板做出两侧对称造型，用粘贴固定的方式固定灰镜，最后固定不锈钢。

主要材料：①灰镜 ②不锈钢 ③玉石

餐厅吊顶的几何造型搭配不锈钢的收边线条，极具现代时尚感；精美的吊灯为空间添彩。

主要材料：①壁纸　②雨林啡大理石　③玻化砖

施工要点
电视背景墙面用水泥砂浆找平，用干挂的方式固定米黄大理石；用木工板及石膏线条做出两侧对称造型，墙面满刮三遍腻子，用砂纸打磨光滑，刷底漆、面漆；部分墙面刷一层基膜，贴壁纸。

主要材料：①车边银镜　②壁纸

施工要点
电视背景墙面用水泥砂浆找平，镜子基层用木工板打底。剩余墙面满刮三遍腻子，用砂纸打磨光滑，刷一层基膜，贴壁纸。用粘贴固定的方式将印花银镜固定在底板上，固定实木收边线条。

主要材料：①壁纸　②印花银镜　③玻化砖

施工要点
电视背景墙用水泥砂浆找平，用干挂的方式将安曼米黄大理石及爵士白大理石固定在墙上，完工后对石材进行抛光、打蜡处理。

主要材料：①灰镜　②爵士白大理石　③安曼米黄大理石

米黄大理石斜拼装饰电视主题墙，浅黄的色调进一步软化了空间；两侧对称的银镜，诠释了虚实的关系，在灯光下折射出无穷的魅力。

主要材料：①米黄大理石　②银镜

施工要点

电视背景墙面用水泥砂浆找平，根据设计需求在墙上安装钢结构，用干挂的方式固定大理石；剩余墙面满刮三遍腻子，用砂纸打磨光滑，刷一层基膜，贴壁纸。

主要材料：①深啡网纹大理石　②壁纸　③米黄大理石

施工要点

用木工板及硅酸钙板做出电视背景墙上的造型；部分墙面满刮三遍腻子，用砂纸打磨光滑，刷底漆、面漆；用粘贴固定的方式将黑镜固定在底板上，完工后用硅酮密封胶密封。

主要材料：①灰镜　②浅啡网纹大理石　③玻化砖

施工要点

用点挂的方式将西班牙米黄大理石及爵士白大理石固定在墙上；剩余墙面防潮处理后用木工板打底，用粘贴固定的方式将灰镜固定在底板上，完工后用硅酮密封胶密封。

主要材料：①爵士白大理石　②灰镜